NOTIONS
D'ÉQUITATION

A L'USAGE DE

MM. LES OFFICIERS D'INFANTERIE

PAR

H. D'ASSEZAT

Lieutenant au 40e chasseurs.

PARIS,

LIBRAIRIE MILITAIRE DE J. DUMAINE,

LIBRAIRE-ÉDITEUR DE L'EMPEREUR,

Rue et passage Dauphine, 30

—

1869

NOTIONS

D'ÉQUITATION

A L'USAGE DE

MM. LES OFFICIERS D'INFANTERIE

Paris.—Imprimerie de COSSE et J. DUMAINE, rue Christine, 2.

NOTIONS

D'ÉQUITATION

A L'USAGE DE

MM. LES OFFICIERS D'INFANTERIE

PAR

H. D'ASSÉZAT

Lieutenant au 40e chasseurs

PARIS

LIBRAIRIE MILITAIRE

J. DUMAINE, LIBRAIRE-ÉDITEUR DE L'EMPEREUR,

Rue et Passage Dauphine, 30.

—

1869

AVANT-PROPOS.

Les quelques notions suivantes, puisées
en grande partie dans des ouvrages estimés
traitant de l'équitation, n'ont pour but que
d'habituer à l'exercice du cheval l'homme
qui ne veut pas devenir un écuyer, mais bien
monter pour son agrément un cheval déjà
dressé.

Aussi avons-nous toujours supposé le
cheval dans cette dernière condition.

En appliquant attentivement les principes
donnés, on peut arriver à un degré de force
suffisant pour pouvoir se permettre sûrement
la promenade, la chasse, en un mot l'équitation en faveur aujourd'hui, c'est-à-dire
celle à allures larges et ne demandant pas
l'emploi de fines aides.

Notre progression comprend cinq leçons qui elles-mêmes doivent être divisées en plusieurs jours de travail suivant les progrès du cavalier.

Les quatre premières leçons comprennent le travail en bridon. Les cavaliers ayant déjà, après ce travail, une certaine habitude du cheval, n'ont que peu de chose à faire pour comprendre les effets de la bride et s'en servir pour répéter les quatre premières leçons.

C'est alors que vient le moment de faire travailler les élèves extérieurement afin de développer chez eux la solidité, la grâce et la hardiesse, qualités nécessaires à tout cavalier.

Progression générale du cours.

Examen du cheval avant de monter.
Leçon du montoir.
Mettre pied à terre.
Position de l'homme à cheval.
Tenue des rênes de bridon.
Des aides.
Action des jambes.
Action des rênes.
Allonger, raccourcir les rênes.
Marcher au pas.
Arrêter.
Tourner à droite et à gauche.
Demi-tour.
Travail au trot.
Reculer.
Marcher au galop par extension d'allure.
Action des jambes sur les hanches ou rotation des hanches autour des épaules.
Action combinée des rênes et des jambes ou rotation des épaules autour des hanches.
Départ au galop sur des lignes droites.
Travail au galop en cercle.
Tenue des rênes de bride.

Répétition en bride du travail en bridon.
Travail extérieur.
Extension des allures.
Trot à l'anglaise.
Galop allongé et soutenu.
Saut des obstacles.

PREMIÈRE LEÇON.

Progression.

Examen du cheval avant de monter.
Leçon du montoir.
Mettre pied à terre.
Position de l'homme à cheval.
Tenue des rênes de bridon.
Des aides.
Action des jambes.
Action des rênes.
Allonger, raccourcir les rênes.
Marcher au pas.
Arrêter.
Tourner à droite et à gauche.
Demi-tour.

Examen du cheval avant de monter.

Si le cavalier fait ressortir les beautés et les qualités d'un cheval, il faut aussi que les soins apportés à la manière dont le cheval est tenu et harnaché prouvent que la monture est réellement l'objet de l'attention du cavalier, et

1.

mille petits détails que l'on ne doit pas oublier de voir seront toujours à l'avantage de celui-ci, soit pour sa sûreté personnelle, soit pour la satisfaction de son amour-propre.

Un cheval conduit en main et harnaché avec simplicité, propreté et élégance, dénote presque toujours le bon goût du cavalier et son aptitude comme homme de cheval.

Chaque fois que le cavalier va monter à cheval, il passe rapidement l'inspection de sa monture et s'assure que chaque objet de harnachement est à sa place et solidement fixé.

C'est en faisant le tour de son cheval, en le flattant, que l'on examine tout sans surtout oublier la ferrure.

Le harnachement anglais étant le seul adopté pour la promenade, il faut, comme principe, que la selle soit placée sur le dos du cheval de manière à bien dégager le garrot, ce qui fait ressortir l'encolure et place le cavalier au point le plus convenable pour sa tenue et la conduite du cheval.

C'est ordinairement à quatre travers de doigt de la partie supérieure et postérieure de l'épaule que doit arriver la partie antérieure des quartiers. Les sangles seront bien fixées, ni trop lâches ni trop serrées ; le mors de bride plutôt haut que bas, de la largeur de la bouche du cheval ; la gourmette placée de manière à pouvoir passer très-facilement deux doigts entre elle et la barbe; la sous-gorge lâche.

Leçon du montoir.

Après son inspection, le cavalier se dispose à monter à cheval : il se place les deux talons sur la même ligne, face à l'épaule gauche, la cravache dans la main droite qui la tient à quelques centimètres du bout, la mèche en bas; il prend avec la main droite les rênes du bridon ou de la bride également tendues et les place dans la main gauche, le petit doigt entre les deux rênes;

Prendre ensuite avec la main droite une poignée de crins le plus en avant possible, les placer dans la main gauche, l'extrémité des crins sortant du côté du petit doigt, mettre la cravache dans la main gauche la mèche en bas;

Faire un demi-à-droite sur les deux talons et engager le pied gauche dans l'étrier le plus en avant possible en s'aidant de la main droite, appuyer le genou gauche sur le quartier de la selle en s'enlevant sur la pointe du pied droit, éviter de toucher le cheval avec la pointe du pied gauche et placer la main droite sur le troussequin;

S'élancer vivement du pied droit en tirant

fortement les crins à soi et se tenir sur l'étrier le corps droit, appuyer la main droite sur le troussequin pour empêcher la selle de tourner;

Passer vivement et sans secousse la jambe droite tendue par-dessus la croupe du cheval sans le toucher et se mettre légèrement en selle en portant la paume de la main droite sur le côté droit du pommeau, les doigts en dehors, pour éviter de se blesser, chausser l'étrier droit après avoir pris une rêne dans chaque main; saisir la cravache avec la main droite la mèche en l'air dans la direction et au-dessus de l'oreille gauche du cheval.

Mettre pied à terre.

Passer la cravache dans la main gauche, la mèche en bas, placer la rêne droite dans la main gauche (en bride, conserver les rênes dans la main gauche), placer la droite sur le côté droit du pommeau, saisir avec la main gauche une poignée de crins sans que le corps cesse de rester droit, déchausser l'étrier droit. Passer la jambe droite tendue par-dessus la croupe du cheval sans le toucher, rapporter la cuisse droite près de la gauche, rester un instant dans cette position le corps droit et arriver légèrement à terre le côté gauche à hauteur de l'épaule gauche du cheval, ce qui évite les accidents.

Saisir avec la main droite les rênes à 16 centimètres de la bouche du cheval les ongles en dessous et arriver à hauteur de la tête du cheval.

Position de l'homme à cheval.

Pour jouir de toute son aisance le cavalier doit avoir à cheval la position qui lui est la plus naturelle, ce qui n'exclut pas la grâce que les principes suivants lui donnent :

Les fesses portant également sur la selle et le plus en avant possible;

Les reins soutenus sans roideur;

Les épaules effacées;

La poitrine ouverte;

Les coudes tombant naturellement, sans roideur et sans être trop rapprochés du corps;

La tête droite, aisée et bien dégagée des épaules;

Les yeux pouvant examiner le terrain bien en avant du cheval;

Les cuisses tournées sans effort sur leur plat;

Les jambes tombant naturellement;

Les pieds reposant sur les étriers, le talon plus bas que la pointe du pied qui ne doit pas être trop tournée en dehors.

Tenue des rênes de bridon.

Lorsque le cavalier est arrivé en selle, il prend une rêne de bridon dans chaque main, l'extrémité des rênes sortant du côté du pouce, les doigts fermés, les poignets se faisant face à 15 centimètres l'un de l'autre et à hauteur du coude.

Les rênes doivent toujours être tendues de manière à bien sentir la bouche du cheval et à ne lui permettre que les mouvements que l'on veut lui faire exécuter.

Des Aides.

Les moyens que l'on emploie pour diriger le cheval reçoivent le nom d'aides : Ainsi les jambes qui donnent l'impulsion et la main qui donne la direction et règle le mouvement sont les aides avec lesquelles le cavalier doit faire connaître sa volonté au cheval.

La parole et l'appel de langue sont aussi des aides auxquelles il est bon d'habituer le cheval à obéir.

Action des jambes.

Les jambes agissent de deux sortes : ou simultanément ou isolément; simultanément par l'emploi d'une force égale qui agit avec l'aide de la main pour concentrer les forces du cheval soit en avant, en arrière ou en place; isolément pour déplacer le cheval de côté et rejeter la masse d'un côté ou de l'autre.

Agissant d'une manière simultanée, elles déterminent le cheval en avant lorsque la main permet le mouvement.

La pression plus ou moins forte d'une jambe sur les flancs du cheval doit forcer celui-ci à céder à cette pression et à régler ses mouvements de hanches d'après l'appui de l'une ou de l'autre jambe.

Action des rênes.

L'action des mains, qui s'emparent du mouvement provoqué par les jambes, doit toujours être précédée par celle des jambes.

L'action des rênes doit donc être d'accord avec celle des jambes.

Elles peuvent agir de différentes manières sur la bouche du cheval où elles produisent des effets divers.

Comme pour les jambes, c'est isolément et simultanément que leurs effets doivent être étudiés.

Isolément. — Chaque rêne produit quatre effets : 1° en élevant le poignet droit en le rapprochant du corps, le cavalier opère une traction directe sur la rêne droite ; l'effet obtenu est la provocation du pli de l'encolure sans déplacer l'avant-main ; 2° en opérant une traction sur la rêne droite et en portant le poignet à droite on produit deux effets, qui sont : le pli de l'encolure et le déplacement de l'avant-main à droite ; 3° en appuyant la rêne droite sur l'encolure et en portant la main droite à gauche on produit le déplacement de l'encolure à gauche ; 4° en tirant sur la rêne droite dans une direction diagonale de l'épaule droite à la hanche gauche du cheval on obtient le déplacement des hanches à gauche et le pli de l'encolure à droite. C'est opposer les épaules aux hanches.

Simultanément. — Leur action simultanée produit les effets suivants : en élevant les poignets, en les rapprochant du corps, on élève la tête et l'encolure ;

En augmentant l'effet des poignets on rejette la masse en arrière et en l'augmentant encore on provoque le reculer (pour ce qui regarde la main) ;

En portant les deux poignets à droite parallèlement à eux-mêmes, la rêne gauche s'appuie sur l'encolure, la rêne droite produit une légère traction et l'avant-main est déterminée à droite.

Allonger, raccourcir les rênes, les croiser dans la main gauche.

Pour allonger les rênes (la rêne droite), rapprocher le poignet gauche du droit et saisir avec le pouce et le premier doigt de la main gauche la rêne droite au-dessus du pouce droit; de manière que les pouces se trouvent à la distance voulue par le cavalier pour allonger les rênes, rapprocher les pouces en entr'ouvrant la main droite jusqu'à ce que les pouces se touchent et replacer les poignets à 15 centimètres l'un de l'autre.

Pour raccourcir les rênes (la rêne gauche), rapprocher les poignets, saisir avec le pouce et le premier doigt de la main droite la rêne gauche de manière que les pouces se touchent, entr'ouvrir la main gauche, élever la main droite et laisser couler la main gauche jusqu'à ce que les pouces se trouvent à la distance voulue par le cavalier, replacer alors les poignets.

Pour croiser les rênes dans la main gauche, amener cette main vis-à-vis le milieu du corps en renversant le poignet les ongles en-dessous: entr'ouvrir la main y passer la partie de la rêne qui se trouve dans la main droite, refermer la main gauche et placer la droite à hau-

2.

teur de la gauche, ou encore la laisser pendre sur le côté derrière la cuisse, après avoir passé la cravache dans la main gauche qui la tient alors en travers au-dessus du pommeau.

Préparation, action et régularisation des mouvements.

Tout mouvement du cheval doit, d'après la volonté du cavalier, être décomposé en trois parties bien distinctes.

Préparation. — Le cavalier prépare son cheval au mouvement qu'il va exécuter par la fixité ou tension des rênes en rapprochant en même temps les jambes du corps de l'animal. Le cheval fixe alors son attention, il comprend qu'on va lui demander quelque chose.

Action. — La volonté du cavalier détermine l'action, et les moyens employés pour demander tel ou tel mouvement font leur effet sur le cheval qui obéit en exécutant.

Régularisation. — Le cheval ayant obéi et étant en action, le cavalier la régularise en replaçant les poignets et les jambes et en exigeant que tous les mouvements ne se produisent que d'après sa volonté. Ainsi : en marchant au pas, le cheval ne doit avancer à chaque pas que d'après la volonté du cavalier qui accélère ou modère l'action d'après son désir.

Marcher au pas.

Pour déterminer son cheval en avant, le cavalier, étant en contact par les rênes avec la bouche du cheval et ayant les jambes près, sollicite la masse à se déplacer en fermant les jambes d'une manière égale, sans à-coup et un peu en arrière des sangles; il porte légèrement le corps en arrière pour bien s'asseoir et baisse les poignets en les mollissant pour que le cheval puisse se mettre en mouvement sans obstacle.

Après quelques pas exécutés franchement il est nécessaire de placer le cheval, de le grandir pour régulariser le mouvement. Il faut pour cela augmenter la pression des jambes, assurer les poignets, serrer les doigts et lorsque le cheval a pris une cadence aisée, qu'il est d'aplomb, relâcher insensiblement les mains et les jambes sans pourtant s'écarter trop du degré de soutien.

Le cheval marche alors franchement, sans gêne, et le cavalier cherche à se lier à tous ses mouvements en conservant sa position à cheval.

Arrêter.

Pour arrêter, le cavalier se grandit du haut du corps, rapproche insensiblement les jambes du corps du cheval, serre les doigts et augmente l'effet des deux mains jusqu'à ce que le cheval s'arrête bien d'aplomb ; relacher alors les jambes, mais, en même temps, les maintenir près pour l'empêcher de se traverser ou de reculer.

Pour repartir agir avec modération et reprendre toujours son cheval par degrés, jamais d'une manière brusque ou trop vive.

Le cavalier qui aurait les rênes flottantes ne pourrait arrêter son cheval que par à-coup et pendant la marche le cheval serait incertain.

Si, au contraire, les rênes étaient trop tendues, le cheval perdrait la sensibilité de la bouche et l'arrêt n'aurait plus lieu au moment voulu.

C'est donc en ayant soin, de temps en temps, pendant la marche, de relacher et de resserrer alternativement les doigts, ce qui s'appelle arrêter et rendre, qu'on entretient la bouche du cheval dans l'état voulu pour qu'elle ressente bien les effets du mors.

Si un cheval éprouve des difficultés à s'arrêter ou, pour une cause quelconque, n'obéit pas, on lui fait sentir successivement l'effet de chaque rêne suivant sa sensibilité, ce qui s'appelle scier du bridon.

Tourner à droite et à gauche.

Le cheval marchant sur une ligne droite, pour tourner à droite, porter le poignet droit plus ou moins à droite sans le renverser, appuyer en même temps la rêne gauche sur l'encolure en mollissant le poignet gauche, fermer les deux jambes en faisant primer la jambe droite et en portant la jambe gauche un peu en arrière des sangles afin que les hanches suivent exactement le même chemin que les épaules.

Ne jamais le tourner trop court, mais bien sur un arc de cercle proportionné à sa longueur, et à mesure que le mouvement s'exécute reprendre la position première des mains et des jambes pour assurer ensuite le mouvement sur la ligne droite.

Pour tourner à gauche, mêmes principes, moyens inverses.

Demi-tour.

Pour le demi-tour à droite mêmes principes que pour l'à-droite, en exécutant un demi-tour

complet et en ayant soin toujours de faire passer les hanches par les mêmes points que les
épaules. Observer pour les à-droite, les à-
gauche et les demi-tours, de ne jamais baisser
le poignet qui donne la direction, mais le déplacer parallèlement à lui-même.

DEUXIÈME LEÇON.

Progression.

Répétition du travail de la 1re leçon.
Doublés et changements de main.
Départ au trot.
Marche directe au trot.
Passer du trot au pas.
Arrêter étant au trot.
A-droite, à-gauche, demi-tour.
Reculer.

Doubler, changements de main.

En termes de manége, doubler veut dire : tourner à droite ou à gauche suivant la main à laquelle on marche, et, après avoir traversé le manége en droite ligne, tourner de nouveau à droite si on a tourné à droite et à gauche si on a doublé à gauche.

Marcher à main droite se dit du cavalier marchant en ayant le côté droit en dedans du manége, on marche à main gauche quand c'est le côté gauche.

3.

Les changements de main s'exécutent en traversant le manége diagonalement après avoir dépassé le coin de quelques pas.

Départ au trot.

Le cavalier marchant au pas et voulant faire prendre le trot à son cheval, assure les poignets, prend bien son assietté en cherchant le fond de la selle et ferme progressivement les jambes ou donne de petits coups de mollet en mollissant les poignets pour permettre au cheval de se porter en avant au trot.

Dès qu'il a obéi, replacer les poignets et les jambes sans brusquer les mouvements.

Marche directe au trot.

Pendant que le cheval marche au trot, le cavalier doit se lier à tous ses mouvements en fléchissant légèrement les reins pour amoindrir les réactions. Il doit y avoir adhérence parfaite entre les cuisses, les genoux et la selle. Les jambes doivent de plus en plus tomber naturellement et on doit éviter de les porter en avant. Au trot, la position de l'homme doit être encore plus régulière et le cavalier évite toute espèce de roideur.

Passer du trot au pas.

Toutes les fois que le cavalier fait changer son cheval d'allure, il est nécessaire de consolider l'assiette en soutenant toutes les parties du corps ; ainsi pour passer du trot au pas, après s'être grandi du haut du corps et avoir pris un point d'appui bien fixe par les genoux, le cavalier élève progressivement les poignets jusqu'à ce que le cheval passe au pas ; il est nécessaire dans ce moment d'avoir les jambes près pour empêcher le cheval de s'arrêter, et lorsque le cheval a pris le pas relâcher les mains et les jambes.

Étant au trot, arrêter.

Pour arrêter, étant au trot, le cavalier agit d'après les mêmes principes que pour marcher au pas, seulement il augmente l'effet des poignets et des jambes et soutient le cheval dans les aides pour l'arrêter bien carrément.

A-droite, à-gauche, demi-tour.

Ces mouvements s'exécutent d'après les mêmes principes que lorsqu'on est au pas, en entretenant toujours l'allure du trot et en se liant davantage aux mouvements du cheval. La jambe du dehors doit aussi soutenir le cheval avec plus de force qu'au pas.

Reculer.

Le cheval étant en place et le cavalier s'étant mis en contact avec lui par les mains et les jambes, pour obtenir le reculer nous agirons comme lorsque nous avons voulu porter le cheval en avant, mais inversement; ainsi, après avoir sollicité la masse à se déplacer en l'activant avec les jambes, au lieu de permettre au cheval de gagner du terrain en lui donnant de la liberté, nous lui ferons au contraire sentir davantage les poignets; l'équilibre étant détruit et ne pouvant agir dans le mouvement progressif, le cheval évidemment reculera.

Dans le reculer, les membres postérieurs doivent donc toujours être déplacés les premiers et le cheval doit ensuite marcher en arrière, pas à pas comme en avant.

Chaque fois que le mouvement rétrograde se produit, les poignets doivent se relâcher pour ne pas le précipiter, ce qui acculerait le cheval; et les jambes doivent pouvoir, par leur pression, reporter le cheval en avant à la volonté du cavalier.

Celui-ci ne doit jamais laisser son cheval

sur le reculer, mais bien le porter en avant,
au moins d'un pas, lorsque le mouvement rétrograde a été produit.

Si au lieu de reculer bien droit, le cheval
jette ses hanches à droite ou à gauche, la
jambe droite ou la jambe gauche doivent par
leur pression remettre le cheval droit.

TROISIÈME LEÇON.

Progression.

Réunion des divers mouvements des deux premières leçons.

Marcher au galop sur des lignes droites, par extension d'allures.

Marcher au galop.

Lorsque le cavalier commence à bien exécuter au pas et au trot tous les mouvements qu'on lui demande, que son assiette est bonne et qu'il est maître de son cheval, on le fait marcher au galop sans qu'il exige de son cheval de partir sur tel ou tel pied.

Pour arriver à ce résultat, il est nécessaire d'allonger l'allure du trot autant que possible et, au passage du coin, fermer vivement les jambes pour déterminer le cheval à prendre le galop. Se lier alors à tous ses mouvements en se grandissant du haut du corps et en cherchant à s'asseoir de plus en plus.

Après quelques tours au galop, on fait passer son cheval au trot en élevant progressivement les poignets et en ayant les jambes près, et ensuite, d'après les mêmes principes on passe au pas.

. Recommencer fréquemment cette marche au galop pour se familiariser avec cette allure.

Le cavalier doit toujours observer soit au trot, soit au galop, de ne jamais remonter les genoux, il faut au contraire allonger les cuisses autant que possible, ce qui donne les moyens de mieux embrasser son cheval.

Pour donner cette leçon avec fruit, on ne doit s'occuper que de deux cavaliers à la fois; les autres sont rangés en dedans du manége, le dos tourné à un des petits côtés.

QUATRIÈME LEÇON.

Progression.

Travail sur le cercle.

Action des jambes sur les hanches ou rotation des hanches autour des épaules.

Action combinée des rênes et des jambes ou rotation des épaules autour des hanches.

Départs au galop.

Travail au galop en cercle.

Travail sur le cercle.

Lorsque au manége le cercle est réduit à de petites dimensions, c'est-à-dire qu'il est tangent à la piste et à la ligne du milieu du manége, il prend le nom de volte. Dans ce cas, un demi-cercle devient une demi-volte.

Dans ce travail, le cheval doit toujours être ployé sur la ligne circulaire et, ainsi que nous l'avons déjà dit pour les à-droite, à-gauche et demi-tours, les hanches doivent passer exactement par les mêmes points que les épaules. Le bout du nez du cheval doit se trouver en dedans du cercle sans cependant dépasser l'épaule.

Pour arriver à ce résultat, exécuter une légère traction sur la rêne du dedans en portant la main de ce côté et soutenir les hanches par la pression de la jambe du dehors qui doit être placée un peu arrière des sangles. La jambe du dedans tombe perpendiculairement et sert pour ainsi dire de pivot au corps du cheval qui, à mesure qu'il avance sur le cercle, sent cet appui constant qui l'empêche de se jeter en dedans du cercle. Eviter que le haut de l'encolure ne tombe à gauche, se servir alors de la rêne gauche et opérer un appui sur la courbe que fait l'encolure en se ployant à droite.

Cette position est applicable dans tous les cas où le cheval fait un mouvement, quelque court qu'il soit, sur une ligne circulaire.

Action des jambes sur les hanches ou rotation des hanches autour des épaules.

Les déplacements de hanches sont très-nécessaires pour obtenir une mobilisation utile pour les départs au galop et par suite pour arriver à la mise en main.

C'est ici où, plus que jamais, il est néces-

saire de passer par les trois phases de préparation, action et régularisation du mouvement.

Préparation. — Le cavalier marchant à main
droite et voulant ranger les hanches à droite,
doit commencer par arrêter son cheval bien
droit en le soutenant dans les mains et dans
les jambes.

Action. — Il opère ensuite une pression
plus ou moins grande de la jambe gauche,
suivant la sensibilité du cheval, en la portant
un peu en arrière du passage des sangles en
fixant ses poignets afin que le cheval range
ses hanches en tournant autour des épaules
qui servent de pivot.

Régularisation. — Ce mouvement doit s'exécuter pas à pas, et, pour arriver à ce résultat,
la jambe droite modère le mouvement et doit
être en concordance parfaite avec la jambe
gauche, pour que la pression de cette dernière
s'opère à mesure que la jambe droite permet
le mouvement.

Lorsque les hanches ont décrit un demi-
cercle autour des épaules, on reporte de suite
son cheval en avant par une pression égale des
deux jambes en mollissant les poignets.

Pour ranger les hanches à gauche, mêmes
principes et moyens inversés,

Action combinée des rênes et des jambes ou rotation des épaules autour des hanches.

Le cavalier marchant au pas et à main droite et voulant faire exécuter à son cheval un demi-tour sur les hanches, arrête d'abord le cheval bien carrément ; puis, le déterminant en avant par une pression de jambes, il s'empare du mouvement au moment où il va se produire et se grandissant du haut du corps, il porte la main à droite sans à-coup en ayant soin de diminuer peu à peu la pression de la jambe droite en augmentant celle de la jambe gauche en la glissant en arrière.

De cette manière, les hanches sont fixées en place et servent de pivot aux épaules qui décrivent leur arc de cercle pas à pas.

Lorsque les épaules ont décrit leur demi-cercle autour des hanches, replacer les mains, relâcher progressivement la jambe gauche et marcher franchement en portant son cheval en avant par une pression égale des deux jambes.

Dans ce mouvement les jambes fixent pour ainsi dire le corps du cheval et les mains donnent la direction à l'avant-main sans cependant laisser au cheval la faculté de se porter en avant.

Départs au galop.

Avant de faire connaître quels sont les moyens usités par les praticiens habiles pour obtenir les départs au galop sur tel ou tel pied, il est nécessaire de définir cette allure.

Le galop s'opère en trois temps ou foulées; chez quelques chevaux usés on remarque quatre temps : le premier temps a lieu lorsqu'une des jambes de derrière pose à terre; le deuxième, lorsque le bipède diagonal opposé opère sa foulée, et enfin le troisième, quand la jambe de devant, opposée diagonalement à celle de derrière qui a fait la première foulée, opère aussi la sienne.

Le cheval galope à droite lorsque les jambes droite de devant et de derrière devancent dans la marche les deux jambes opposées; c'est le contraire à main gauche.

Dans le galop à droite, c'est donc la jambe gauche de derrière qui pose la première à terre, puis la jambe droite de derrière et la jambe gauche de devant ensemble et enfin la jambe droite de devant.

Le galop est désuni lorsque le cheval galope à droite de devant et à gauche de derrière et réciproquement.

Beaucoup d'écuyers ont déterminé les

moyens à employer pour faire partir un cheval au galop sur tel ou tel pied, et tous ou presque tous ceux qui ont fait école sont en désaccord.

Il est reconnu cependant, d'une manière générale, que pour disposer un cheval à partir au galop à la volonté du cavalier, il doit être d'abord parfaitement rassemblé.

Chez un cheval dressé, le rassemblé, demandé et obtenu par une pression des jambes et une juste opposition de la main, permet au cavalier de déplacer facilement la masse et, après l'avoir rejetée d'un côté ou de l'autre, de lui donner l'impulsion nécessaire en avant pour que l'allure du galop se produise sur le pied que l'on désire.

En rejetant la masse d'un côté, on allége l'autre et alors ce dernier a plus de facilité pour se mouvoir; ainsi pour le galop à droite, si la masse est en partie rejetée à gauche, l'épaule droite se trouve libre et le mouvement produit par la force venant de la partie postérieure gauche, sur laquelle la masse aura été momentanément rejetée par une opposition de la main, aura lieu lorsque la main le permettra.

Il est donc nécessaire de voir, pour obtenir le galop à droite, de quelle manière nous pouvons rejeter la masse en arrière à gauche pour avoir la légèreté de la partie droite :

En fermant les deux jambes, le cheval est disposer à se porter en avant, en opposant les mains qui empêchent le mouvement de se produire, le cheval s'équilibre, devient léger, se rassemble; en faisant primer la jambe gauche on porte le poids en arrière à gauche et pour étayer la masse la jambe gauche du cheval s'engage, en faisant sentir en même temps la rêne droite comme opposition, diagonalement de devant en arrière à gauche, on reporte le poids de l'avant-main de la droite en arrière à gauche, le cheval est placé. Si, profitant alors de cette position, le cavalier rend légèrement au cheval en opérant une plus forte pression des deux jambes et en baissant la main, celui-ci partira nécessairement au galop à droite, car il s'est trouvé dans les conditions prescrites pour obtenir le galop, il a été rassemblé et placé.

En usant des mêmes principes et des moyens inverses, on obtient le galop à gauche.

Travail au galop en cercle.

Dans le travail au galop, le cavalier doit sentir par les mouvements de son assiette sur quel pied le cheval galope. Ainsi, dans le galop à droite l'assiette est rejetée sur la partie gauche, le mouvement se fait sentir de gauche à droite, et la cuisse et le genou droit ont des tendances à se déplacer.

Ce n'est que lorsque le cavalier est bien habitué aux départs au galop qu'il est exercé au travail en cercle sur lequel il exécute aussi de fréquents départs.

Dans la marche circulaire à droite il est nécessaire de maintenir le cheval sur le cercle en soutenant la main de droite à gauche, pour que l'effet de la rêne droite se fasse sentir et conserve l'élévation de l'avant-main ; la jambe droite reste fixe tout en activant le mouvement par de fréquentes pressions du mollet, et la jambe gauche, placée en arrière des sangles, contient les hanches et les empêche de sortir du cercle.

Ce principe est applicable chaque fois que l'on décrit un arc de cercle quelconque.

CINQUIÈME LEÇON.

Progression.

Tenue des rênes de bride.
Répétition en bride du travail en bridon.
Appuyer à droite et à gauche.
Travail extérieur.
Extension des allures.
Trot à l'anglaise.
Galop allongé et soutenu.
Saut des obstacles.

Tenue des rênes de bride.

Plusieurs manières applicables à différents cas existent pour la tenue des rênes de bride :

1º La première, dite à la française, et généralement adoptée et employée, consiste à placer les rênes dans la main gauche, le petit doigt entre les deux rênes, les doigts en face du corps, le pouce sur la deuxième phalange du premier doigt et appuyé sur les rênes pour les contenir, l'excédant des rênes retombant à droite.

Pour ajuster les rênes il faut les saisir avec la main droite au point où elles sont réunies, élever la main droite perpendiculairement après avoir passé le petit doigt de la main gauche entre les deux rênes, et dès qu'on les sent égales dans la main gauche, fermer cette main et abandonner les rênes de la main droite qui, tenant la cravache, se place à hauteur de la main gauche.

Si, en même temps, on ferme les jambes, l'encolure se place.

On tient les rênes de bride avec la main droite en les saisissant avec cette main au-dessus du pouce gauche à pleine main, les ongles en dessous.

Lorsqu'on tient les rênes avec la main gauche, on peut prendre les rênes du filet à pleine main avec la main droite de la manière indiquée pour tenir les rênes de bride avec cette main, ou bien les placer réunies sous le pouce gauche, l'excédant dans la main;

2° Un moyen excellent pour résister à un cheval de conduite difficile est d'ajuster, au moyen d'un nœud, le filet assez court, de le saisir avec la main gauche les ongles en dessous, et ensuite de placer dans cette même main les rênes de bride séparées par l'avant-dernier doigt. Avec les deux derniers doigts de la main droite on saisit, les ongles en dessous, la rêne droite du filet et avec le médium et l'index celle de bride.

Dans cette position, on peut agir avec la main gauche seule ou, dans certains cas, la main droite vient au secours de la gauche en pouvant facilement doigter sur les rênes.

En tenant les rênes de bride un peu lâches, on peut se servir exclusivement des rênes de filet ;

3° Nous indiquerons encore la tenue des rênes dite à l'anglaise, qui consiste à tenir deux rênes dans chaque main, le petit doigt entre les rênes.

Les rênes du filet se trouvent au-dessous du petit doigt et le cavalier a beaucoup de puissance, surtout pour tenir son cheval droit au moment de franchir des obstacles, ou bien pour l'appuyer sur le mors à un galop allongé.

Lorsqu'on se sert du mors brisé appelé Pelham, cette tenue des rênes est pour ainsi dire indispensable.

Effets des rênes de bride.

La puissance du mors de bride étant de beaucoup supérieure à celle du bridon, les effets sont en rapport avec sa force et il est utile de les définir :

En élevant un peu la main et en fermant les jambes, on grandit l'encolure, on engage la partie postérieure sous la masse et on rassemble son cheval.

En portant la main à gauche, ce qui par l'appui de la rêne droite sur l'encolure détermine le pli de cette partie à gauche, on détermine le cheval à tourner à gauche.

On détermine le cheval à tourner à droite par les moyens inverses.

En augmentant l'effet de la main après avoir rassemblé le cheval, on diminue l'allure, on l'arrête.

En augmentant encore cet effet, tout en s'aidant des jambes, on le fait reculer.

Les effets produits par les rênes de bride isolées sont les mêmes que ceux produits par les rênes de bridon, seulement avec plus de puissance.

Les effets des rênes agissant simultanément se réduisent à ceux que nous venons d'énoncer plus haut, chaque rêne ayant néanmoins son action séparée qu'il s'agit de graduer par une plus ou moins grande force de la main, suivant la sensibilité du cheval.

Répétition en bride du travail en bridon.

On répète tout le travail en bridon avec les rênes de bride dans la main gauche, et, dans le commencement, pour éviter que les élèves ne portent l'épaule droite en arrière il faut leur faire prendre le filet de la main droite.

On les exerce ensuite à travailler avec la main de bride seulement.

Appuyer à droite et à gauche.

Lorsque le cheval appuie à droite ou à gauche, c'est-à-dire marche de côté, l'avant-main et l'arrière-main parcourent deux lignes bien distinctes et parallèles, le cheval étant dans une direction oblique.

Ne voulant pas nous engager dans des principes de haute école, nous ne prendrons pas la position du cheval exactement perpendiculaire à la ligne horizontale qu'il parcourt et faisant un travail de deux pistes serré.

Comme principe indispensable, nous dirons que le mouvement des épaules doit toujours précéder celui des hanches, que la tête doit être tournée du côté vers lequel le cheval marche en évitant que son encolure tombe du côté opposé; c'est dire que la main donne la direction comme toujours et que les jambes, en aidant aussi à la direction dans ce mouvement, provoquent le déplacement de la masse d'un côté ou de l'autre.

Comme dans presque tous les mouvements

nous nous efforcerons de bien distinguer la préparation, l'action et la régularisation.

Ainsi, pour appuyer à droite :

Préparation. — Nous placerons le cheval dans une direction oblique la tête au mur, les épaules à droite, les hanches à gauche et, pour arriver à ce résultat, il sera simplement nécessaire d'opérer une légère pression de la jambe gauche en la glissant en arrière des sangles, tout en fixant les épaules en place avec la main, pour déplacer les hanches et les faire sortir seulement de la piste, les arrêter alors avec la jambe droite qui aura modéré le mouvement.

Action. — Le cheval ainsi placé exécutera son mouvement en avant s'il y est sollicité par les jambes ; mais, trouvant une légère résistance dans la main qui se portera à droite, il cherchera à gagner du terrain de ce côté et marchera en croisant ses jambes antérieures puisqu'il ne peut pas les étendre en avant ; en même temps, la jambe gauche s'appuyant en arrière des sangles forcera les hanches à se mouvoir de gauche à droite et (*régularisation*) la jambe droite modérant le mouvement, le cheval encadré dans les rênes et dans les jambes se mouvra du côté qui lui reste libre, c'est-à-dire du côté droit.

Mêmes principes, moyens inverses pour appuyer à gauche.

Cette marche de côté est difficile pour le cheval puisqu'elle n'est pas naturelle, mais le cheval dressé qui l'exécute ne la fait bien qu'à la condition que sa tête soit tournée du côté vers lequel il marche et explore pour ainsi dire le terrain qu'il va parcourir.

Les membres diagonaux doivent se poser ensemble sur le sol, le membre antérieur devançant cependant le membre postérieur.

Travail extérieur.

Les cavaliers s'étant attachés à exécuter le travail précédent de la manière la plus régulière possible, on leur fait monter des chevaux à plus grandes actions et on les conduit à l'extérieur.

Dans ce travail, moins de finesse de conduite, mais de la vigueur, de l'entrain, de la solidité.

Les allures deviennent plus allongées et les cavaliers les règlent suivant l'indication qui leur est donnée.

Soit par un, par deux ou par quatre, chacun conserve 10, 20, 30 mètres de distance.

Les cavaliers qui sont en tête ralentissent l'allure à l'avertissement qui leur est donné et en même temps ceux qui sont à la queue passent en tête en doublant l'allure, ou bien sur quatre cavaliers marchant de front, deux marchent au galop en se réglant sur les deux autres qui maintiennent leurs chevaux au trot.

Les cavaliers passent individuellement à la queue de la colonne, etc., etc.; en un mot, on emploie tous les moyens qui rendent les cavaliers adroits, sûrs d'eux-mêmes et développent chez eux les qualités qu'ils ont montrées au manége.

Dans ces exercices, les cavaliers doivent rechercher une position très-régulière qui leur donne l'aisance et la solidité. Leurs moyens de conduite sont francs et vigoureux, ce qui n'exclut pas le moëlleux que l'on doit toujours conserver dans les mains pour ne pas offenser la bouche du cheval.

En résumé, le cheval doit obéir presqu'en même temps que la pensée du cavalier perçoit un mouvement, et homme et cheval ne doivent plus faire qu'un.

Extension des allures.

Les allures doivent pouvoir être allongées sans pour cela que le cheval soit mis sur les épaules; nous ne parlons ici que du pas et du trot.

Pour obtenir leur plus grande extension, le cavalier doit soutenir le cheval avec la main, lui donner un point d'appui suivant sa sensibilité et fermer les jambes jusqu'à ce que l'allure soit la plus allongée possible. Revenir de temps en temps aux allures ordinaires et ralentir afin que le cavalier puisse comprendre qu'il est le régulateur des mouvements de son cheval.

Trot à l'anglaise.

Avec les chevaux à grandes actions le trot à la française devient fatigant à la longue, aussi a-t-on généralisé le trot dit à l'anglaise qui est préférable et fait éprouver moins de fatigue au cavalier et au cheval.

Pour bien trotter à l'anglaise, le cavalier doit se lier au cheval d'une manière parfaite avec les genoux, prendre un léger point d'appui sur les étriers et porter le haut du corps un peu en avant, il se laisse ensuite enlever par la réaction du trot de manière à éloigner les fesses de la selle à chaque deux temps de trot, et pour cela il doit se régler sur la cadence des foulées de manière à arriver en selle lorsqu'un bipède pose à terre et à s'en éloigner quand le bipède opposé foule le sol.

En trottant à l'anglaise, le cavalier ne perd

pas de vue qu'il doit toujours être gracieux à cheval, et, pour arriver à ce résultat, il évite d'avancer la ceinture et toute contraction du haut du corps; le mouvement doit être souple et indiquer une grande aisance. Les coudes sont rapprochés du corps, la main basse et donnant au cheval un solide point d'appui sans pour cela qu'elle cesse d'être légère.

Lorsqu'on passe au pas, le corps revient à sa position première et la main doit être bien soutenue.

Galop allongé et soutenu.

En certains cas le galop a besoin d'être très-allongé et soutenu pendant un certain temps. C'est alors une fatigue réelle pour le cheval et l'on doit chercher tous les moyens propres à la lui rendre moins forte.

Cette allure exige du cavalier un grand déploiement de force musculaire parce qu'il est obligé de soutenir son cheval, de le pousser et souvent de le porter.

Le galop ne doit pas être précipité, mais bien allongé, il se produit presque en deux temps.

Le cavalier évite alors tout contact du corps avec le cheval afin que celui-ci ne soit pas gêné par le choc des fesses sur la selle, et, prenant un grand point d'appui sur les genoux, il penche le haut du corps en avant en enlevant légèrement l'assiette, et soutient les poignets appuyés sur les deux côtés du garrot afin d'avoir plus de force.

Le cheval prenant ainsi un fort point d'appui sur le mors allonge son encolure et sollicité au besoin par les jambes, qui doivent toujours conserver leur position, donne à tous ses membres la plus grande extension qu'ils peuvent avoir. Les foulées deviennent très-étendues et le cheval a pris ce que l'on appelle le galop de course.

Il ne faut pas le laisser trop longtemps à cette allure, mais cependant il est bon d'obtenir cette extension de galop chez un cheval.

Saut des obstacles.

Les obstacles qui se présentent au cavalier à la promenade ou en chasse sont de deux natures seulement : c'est en hauteur ou en largeur que le cheval doit sauter. Dans quelques cas rares il doit aussi percer une haie trop haute et peu épaisse. Nous examinerons ces trois cas.

Les obstacles en hauteur peuvent se présenter sous plusieurs aspects : une barrière ou claie, une haie, un mur en pierre, un talus.

Les obstacles en largeur sont des fossés, ou douves pleines d'eau, secs ou couverts de ronces.

Il est important que les cavaliers jugent la hauteur et la largeur des obstacles à première vue et communiquent à leurs chevaux la hardiesse et la force nécessaires pour les franchir, car les chevaux à peu près bons se ressentiront nécessairement de la vigueur avec laquelle le cavalier leur fera aborder ces obstacles.

Comme principe, soit à la promenade, soit à la chasse, il ne faut jamais faire sauter son cheval à une allure trop vite, mais bien l'amener sur l'obstacle franchement et bien encadré dans les rênes et dans les jambes, car nous prescrivons pour le saut la tenue des rênes dite à l'anglaise.

Au moment où le cavalier découvre l'obstacle, si celui-ci se présente en hauteur, il doit rassembler son cheval avec vigueur, et dans cette position il le maintient droit en l'activant au besoin, pour qu'au moment du saut il gagne en élévation en sentant les mains qui le soutiennent, car si les rênes étaient flottantes, le cheval se déroberait à droite ou à gauche, n'ayant pas la confiance nécessaire et la certitude d'être soutenu sans à-coup au moment où il arriverait à terre.

Après le saut, quelques chevaux sont sujets à précipiter l'allure, c'est un défaut qu'il faut combattre en les calmant et en ayant soin de bien les asseoir après avoir sauté et après quelques foulées.

Le saut des obstacles en largeur n'est pour ainsi dire qu'un temps de galop plus allongé; il faut donc se donner garde de rassembler le cheval qui va franchir un obstacle en largeur, mais bien employer les moyens prescrits pour lui faire allonger l'allure sans la précipiter, en le laissant s'appuyer sur la main, et, lorsqu'il arrive franchement, activer l'arrière-main et suivre dans le saut avec les mains pour qu'il sente un appui au moment où il arrive à terre.

Pour faire traverser au cheval une haie peu épaisse, il faut éviter qu'il s'enlève, mais bien le pousser franchement en avant pour qu'il fasse sa trouée. Néanmoins, les branches du haut étant plus flexibles et donnant par conséquent un passage plus facile, il sera utile de régler l'allure pour qu'au besoin le cheval puisse s'enlever légèrement à la volonté du cavalier.

Dans tous les cas, le cavalier doit bien se pénétrer de ceci : c'est que s'il veut sauter le cheval sautera, et que lorsqu'il n'y a pas hésitation de la part du cavalier, il est bien rare qu'il y en ait de celle du cheval.

Les sauts sont très-fatigants pour les chevaux, aussi pour les soulager le cavalier doit
s'identifier avec le cheval qu'il monte et sauter
pour ainsi dire avec lui.

Lorsque le cheval s'enlève, le cavalier suit
le mouvement et porte le corps un peu en arrière pendant le saut pour qu'en arrivant à
terre il se trouve bien assis, la tête droite, la
poitrine ouverte et les reins soutenus pour
que les fesses aillent bien chercher le fond de
la selle et permettre aux jambes de bien embrasser le cheval.

H. D'ASSÉZAT.

TENUE DES RÊNES.

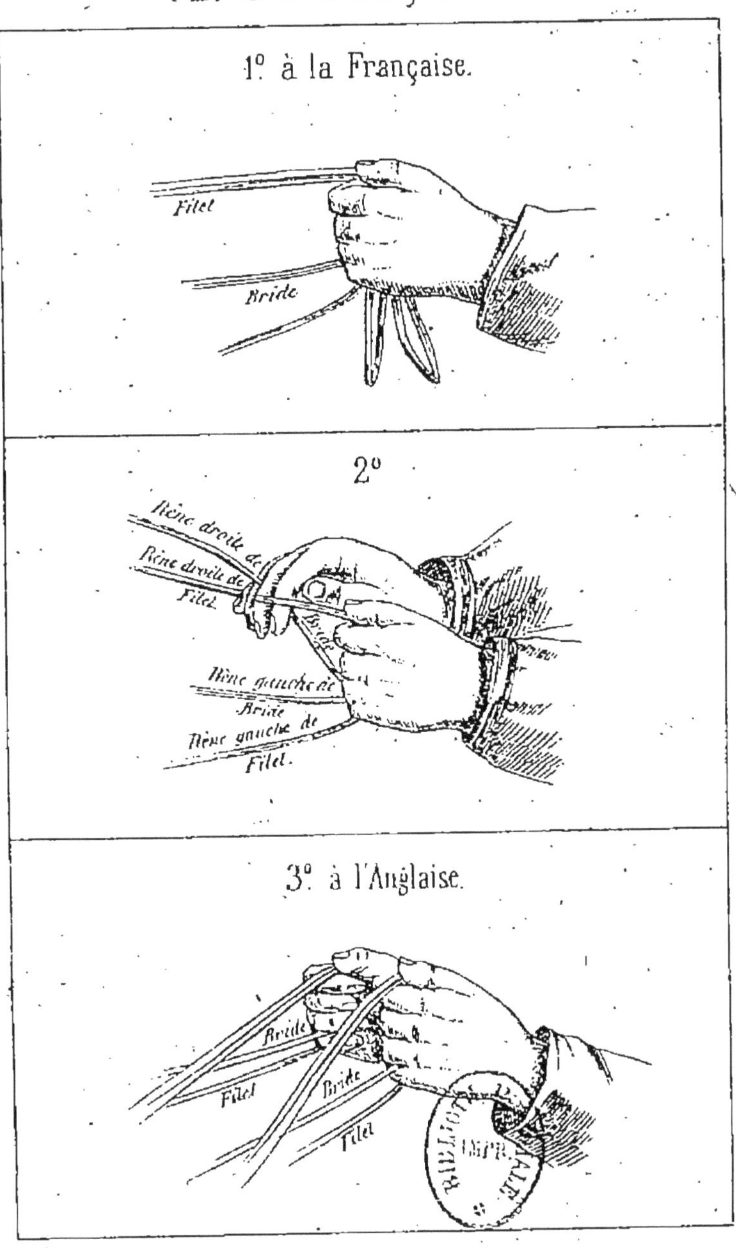

PARIS. — IMP. GOSSE ET J. DUMAINE, RUE CHRISTINE, 2.

www.ingramcontent.com/pod-product-compliance
Ingram Content Group UK Ltd.
Pitfield, Milton Keynes, MK11 3LW, UK
UKHW020042100726
13658UKWH00003B/1480